食物背后的秘密

SHIWU BEIHOU DE MIMI

温会会 / 编著

U0253617

黄豆是从哪里来的呢？

浙江摄影出版社
全国百佳图书出版单位

小朋友，你吃过这些豆制品吗？

你知道吗？人们想要制作这些令人喜爱的豆制品，可少不了一样东西，那就是黄豆。

黄豆是从哪里来的呢？

黄豆是从哪里来的呢？

　　黄豆又称"大豆"，原产于中国。它们住在豆荚里，而豆荚是从田里种出来的。黄豆是我国重要的粮食作物之一。从几千年前开始，我们的祖先就懂得栽种黄豆啦!

黄豆是怎么种出来的呢?

看,农民们在选种子呢!他们要挑选出饱满、干燥的种子,剔除掉残缺、发霉的种子。

黄豆的健康成长，离不开优质的土壤。在播种之前，农民们通常会先到田里整理土地。

　　瞧，经过深耕，这片土地的土壤变得松软又均匀。

准备工作做好了，可以播种啦！把选好的黄豆种子播撒到土坑里，盖上土，再浇上水。
　　注意，种子之间记得留好间隙哦！

有了土壤、阳光、雨露的滋养，种子萌发出了幼苗。幼苗长出叶子，幼茎也开始长高！地下，根系也悄悄地形成了。

在这个过程中，任凭黄豆自由生长就好了吗？

不，要想黄豆长得好，农民们还得进行田间管理！

举个例子，如果杂草生长得太旺盛，会夺走黄豆生长所需的营养。所以，农民们要帮黄豆除草。

过了一段时间，豆苗开出淡紫色的小花。一簇簇的小花聚在一起，在阳光下绽放着微笑！

等到花期结束，又软又小的绿豆荚出现了。豆荚生长需要充足的阳光、水分和养料。它们会先变长，再变宽，最后变厚哦！

豆荚里的黄豆宝宝们也没闲着。它们开始膨大，重量也变重了。渐渐地，叶片变黄并脱落，黄豆变得饱满又成熟！

一阵风吹来，黄豆植株发出轻微的响声。

黄豆营养好，浑身都是宝！在黄豆的身上，人们能找到丰富的蛋白质、脂肪、维生素等营养物质。

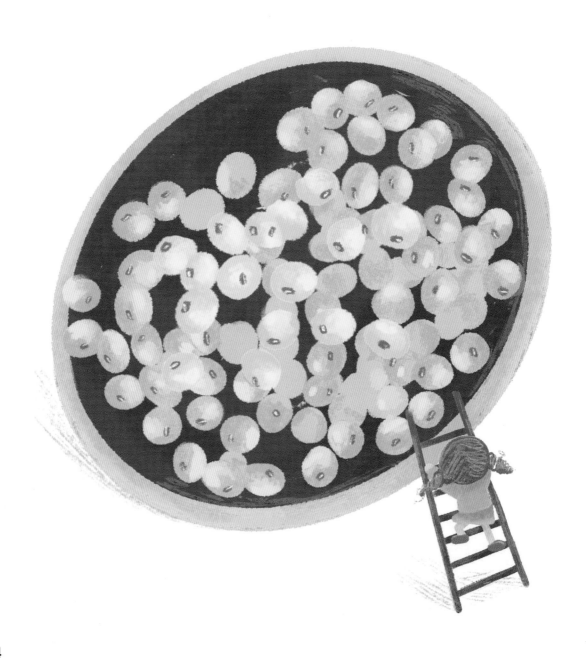

25

黄豆的用途可多了！

它们不仅可以直接食用，还可以用来榨取豆油、酿造酱油、提取蛋白质。而且，黄豆的茎叶和豆粕，还可以当肥料和牲畜饲料呢！

责任编辑　陈　一
文字编辑　谢晓天
责任校对　高余朵
责任印制　汪立峰

项目设计　北视国

图书在版编目（CIP）数据

黄豆，你从哪里来 / 温会会编著 . -- 杭州 ：浙江
摄影出版社 ，2022.1
　　（食物背后的秘密）
　ISBN 978-7-5514-3586-4

　Ⅰ . ①黄… Ⅱ . ①温… Ⅲ . ①大豆－栽培技术－儿童
读物 Ⅳ . ① S565.1-49

中国版本图书馆 CIP 数据核字（2021）第 223879 号

HUANGDOU NI CONG NALI LAI

黄豆，你从哪里来

（食物背后的秘密）

温会会　编著

全国百佳图书出版单位
浙江摄影出版社出版发行
　　　地址：杭州市体育场路 347 号
　　　邮编：310006
　　　电话：0571-85151082
　　　网址：www.photo.zjcb.com
制版：北京北视国文化传媒有限公司
印刷：山东博思印务有限公司
开本：889mm×1194mm　1/16
印张：2
2022 年 1 月第 1 版　　2022 年 1 月第 1 次印刷
ISBN 978-7-5514-3586-4
定价：39.80 元